Benjamin Blümchen™
Bei der Feuerwehr

Klaus-P. Weigand

ISBN 3-8212-2629-3

Lizenz durch KIDDINX Merchandising GmbH,
Winterhuder Weg 29, 22085 Hamburg
www.benjaminbluemchen.de
Verantwortlich für diese Ausgabe:
XENOS Verlagsgesellschaft mbH
Am Hehsel 40, 22339 Hamburg
Text: Klaus-P. Weigand
Illustration und Produktion:
COMICON S.L., Barcelona
Titelgestaltung: Traute Frost
Printed in Italy

Inhalt

Hallo, Kinder!

Tatütata! Heute dreht sich alles um die Feuerwehr. Otto und ich sind nämlich auf das Neustädter Feuerwehrfest eingeladen! Das macht bestimmt viel Spaß und lernen kann man auch etwas!

Habt ihr Lust dabei zu sein? Ja? Na, dann los! Ich freue mich!

Euer Benjamin

Das Feuerwehrfest

In Neustadt ist großes Feuerwehrfest! Und natürlich ist Benjamin dazu eingeladen. Oberbrandrat Lichterloh ist vor einigen Tagen höchstpersönlich in den Zoo gekommen. „Herr Blümchen“, hat er gesagt, „Sie sind unser Ehrenfeuerwehrelefant! Deshalb würden wir uns alle sehr freuen, wenn Sie zu unserem Fest kommen könnten!“

Benjamin strahlte über das ganze Gesicht und es sprudelte nur so aus ihm heraus: „Zum Feuerwehrfest? Da komme ich doch gerne, Herr Oberbrandrat Lichterloh! Spielt denn auch die Feuerwehrkapelle, die mag ich so gerne, und kann ich meinen Freund Otto mitbringen und was gibt's denn alles zu sehen?“ Oberbrandrat Lichterloh musste herzlich lachen: „Ja, ja, ja, Herr Blümchen! Natürlich spielt unsere Feuerwehrkapelle und natürlich darf Ihr Freund Otto

mitkommen! Ganz Neustadt ist doch eingeladen! Eltern und Kinder, Groß und Klein! Je mehr Besucher kommen, umso schöner wird unser Fest! Und es gibt viel zu sehen, lassen Sie sich überraschen!“

Benjamin in Uniform

Also machten sich Benjamin und Otto ein paar Tage später auf den Weg zum Feuerwehrgelände, wo das Fest stattfand.

Gleich am Eingang trafen sie Karla Kolumna, die rasende Reporterin. Selbstverständlich hatte Benjamin zum Fest seine Feuerwehruniform angezogen und Karla knipste sofort ein Bild von ihm. „Steht Ihnen wirklich ausgezeichnet, diese Uniform!“, rief Karla und Otto nickte: „Das kann man wohl sagen!“

Karla war gekommen, um einen besonders sensationellen Artikel über das Feuerwehrfest in der „Neustädter Zeitung“ zu schreiben. „Da muss Ihr Foto

natürlich mit hinein!“, lachte sie. Und endlich ging es los: Auf zum Fest!

Das Feuerwehrauto

Herr Oberbrandrat Lichterloh hatte nicht übertrieben: Was es alles zu sehen gab! Einfach toll! Benjamin und Otto staunten nicht schlecht und wussten gar nicht, wo sie zuerst hingehen sollten.

„Guck mal, Benjamin! Da vorne kann man in ein richtiges Feuerwehrauto einsteigen!“, rief Otto aufgeregt und zog Benjamin mit sich. Schwupp, schon saß er auf dem Fahrersitz: „Uih, sitzt man da hoch! Und was für eine Menge Knöpfe und Schalter es hier gibt!“ Neugierig schaute Benjamin zu Otto in das Führerhaus. „Ich glaube, diesen Schalter kenn ich!“, sagte er. „Pass mal auf, Otto!“ Noch ehe Otto etwas sagen konnte, kippte Benjamin den Schalter um, und da geschah es: Taatüüütaaa-taaaa tönte es laut über den ganzen Platz.

Benjamin und Otto erschraken ganz schön! „Auweia!“, rief Benjamin, „Hilfe!“ Schließlich fand Otto den Knopf und schaltete das Martinshorn ab. „Benjamin, das darf man doch nicht!“, sagte Otto streng, aber hinter Benjamin war ein fröhliches Lachen zu hören: „Haha, unser Ehrenfeuerwehrelefant darf das schon! Ausnahmsweise!“ Es war Oberbrandrat Lichterloh, der sich riesig freute, dass Benjamin und Otto auf das Fest gekommen waren.

Benjamin im Mittelpunkt

Aber was war das? Von allen Seiten kamen plötzlich Kinder angelaufen: „Das war Benjamin!“,

riefen sie durcheinander. „Benjamin hat das Martinshorn eingeschaltet!“

Im Nu waren Benjamin und Otto von vielen Kindern umringt und alle bewunderten Benjamins tolle Feuerwehruniform.

„Bist du ein richtiger Feuerwehrmann, Benjamin?“, wollte der kleine Dennis wissen und Benjamin nickte: „Ja, das bin ich! Oberbrandrat Lichterloh hat mir alles beigebracht, was man wissen muss bei der Feuerwehr!“

„Wenn ich mal groß bin, dann werde ich auch Feuerwehrmann!“, rief Dennis so laut, dass alle es hören konnten. Ja, das wollten die anderen Kinder auch.

Die Notrufnummer

Da hatte Benjamin eine Idee: „Mal sehen, ob ihr schon etwas wisst über die Feuerwehr!“, sagte er. „Wer von euch kennt denn die Notrufnummer, die man anruft, wenn es brennt oder man

schnell Hilfe braucht?" „Das weiß doch jedes Kind!", rief Dennis. „Das ist die 112!"

„Natürlich! Die 112!", riefen auch die anderen Kinder durcheinander, und Benjamin und Otto

staunten. „Ihr seid ja wirklich schon richtige Feuerwehrleute!“, rief Benjamin lachend.

Die 5 Ws

Nanu? Da zupfte doch jemand Benjamin am Ärmel! „Ja hallo, Charlotte!“, rief Benjamin. „Wie schön, dass du auch da bist!“ „Ich weiß noch was!“, sagte Charlotte stolz. „So? Was denn?“ Benjamin, Otto und die Kinder waren richtig neugierig. Charlotte machte es sehr spannend: „Ich kenne sogar die fünf Ws!“, sagte sie und schaute dabei bedeutungsvoll in die Runde.

„Die fünf Ws? Was soll DAS denn sein?“, fragte Dennis, und Charlotte erklärte, dass man die fünf Ws wissen muss, wenn man bei der Feuerwehr anruft.

„WER ruft an? Das ist das erste W. WO ist etwas passiert? ist das zweite W, und WAS ist geschehen? ist das dritte W!“ Benjamin, Otto und alle Umstehenden waren sehr beeindruckt, was Charlotte alles wusste. „Aber das waren doch erst drei Ws!“, sagte Dennis.

„Wie heißen denn die anderen beiden?“ Charlotte dachte nach: „Ich glaube, die habe ich vergessen.“

Gut, dass Benjamin ein richtiger Feuerwehrelefant ist. „Die letzten zwei Ws kann ich euch sagen! WIE sieht es jetzt aus an der Unfallstelle? ist das vierte W. Und das letzte W bedeutet WARTEN. Man soll nämlich warten, bis der Feuerwehrmann am Telefon das Gespräch beendet. Vielleicht will er ja noch etwas fragen!“

Oberbrandrat Lichterloh klatschte in die Hände: „Bravo, Charlotte!“, rief er, „Und bravo, Herr Blümchen! Wenn sich das alle Kinder merken, dann ist in Neustadt die Feuerwehr immer rechtzeitig zur Stelle.“

Finde die Notrufnummer

Kennst du die Notrufnummer der Feuerwehr? Sie hat sich in diesem Durcheinander fünfmal versteckt. Finde sie und male sie aus!

5 Wörter mit W

Wenn man bei der Feuerwehr anruft, muss es schnell gehen, weil etwas passiert ist. Deshalb hat Benjamin den tollen Tipp mit den 5 Ws. Kennst du sie? Dann ergänze die Sätze:

Auflösung: WER ruft an? WO ist etwas geschehen? WAS ist geschehen? WIE sieht es jetzt aus? WARTEN, bis der Feuerwehrmann das Telefonat beendet. Vielleicht hat er noch Fragen an dich!

Tipp: Mit einem Spieltelefon den Notruf bei der Feuerwehr üben. Wer die wenigsten Fehler macht, gewinnt!

Vorsicht, Feuergefahr!

Auweia, auweia! Jede Menge feuergefährlicher Fehler haben sich hier in das Bild eingeschlichen. Findest du sie?

Auflösung:

Die Kerze nah beim Vorhang, zündelndes Kind, Benzin/Spiritus auf Grill, heiß gewordener Fernseher, Zeitungen nah beim Kaminfeuer

Die Feuerwehrübung

Auf dem Feuerwehrfest gab es noch viel zu entdecken. Eine lange Menschenschlange hatte sich vor einem Feuerwehrwagen gebildet. Dort konnte man den Korb am Ende der Leiter besteigen und mit einem Feuerwehrmann hinauffahren. „Benjamin!“, rief es von oben, „Otto!“ Benjamin und Otto schauten hinauf. Es war Charlotte, die von weit oben über ihnen aus dem Korb herunterwinkte. „Auweia, wie hoch!“, rief Benjamin. Er und Otto winkten zurück. „Du musst dir keine Sorgen um Charlotte machen“,

sagte Otto, „schließlich ist ja ein Feuerwehrmann bei ihr!“

Die geheimnisvolle Torwand

Da zupfte Dennis Benjamin am Ärmel: „Benjamin! Otto! Kommt mal mit! Ich habe was ganz Komisches entdeckt!“ Dennis führte Benjamin und Otto zu einer Holzwand mit großen Löchern darin. „Das ist doch eine Fußballtorwand“, sagte er. „Aber hier gibt es nirgendwo einen Fußball!“

Benjamin musste lachen: „Aber nein, Dennis! Diese Wände sind nicht fürs Fußballspielen!“ „Für was denn dann?“, fragten Otto und Dennis gleichzeitig. „Na, zum Üben mit dem Feuerwehrschlauch! Es ist nämlich gar nicht so einfach, mit dem Wasserstrahl ein Feuer oder so ein Loch in der Wand zu treffen. Das muss man üben!“ „Wirklich?“, fragte Dennis. „Das würde ich ja gerne mal ausprobieren!“

Eine Feuerwehrübung für Kinder

Benjamin fand das eine prima Idee: „Wisst ihr was? Wir

machen eine richtige Feuerwehrübung! Dürfen wir, Herr Lichterloh?“, fragte Benjamin den Oberbrandrat, der gerade vorbeikam. „Eine Feuerwehrübung für Kinder?“

Kinder kamen dazu. Auch Karla Kolumna schaute um die Ecke: „Wenn meine Reporterinnennase mich nicht täuscht, gibt’s hier gleich was zu sehen, oder?“ „Das kann man wohl sagen,

Herr Lichterloh war ganz begeistert: „Selbstverständlich!“ „Super!“, riefen Otto und Dennis gleichzeitig, und dann ging es los. Schnell war alles aufgebaut und immer mehr neugierige

Frau Kolumna! Hier brennt’s gleich!“, sagte Benjamin. „Aber keine Angst! Nicht wirklich, nur gespielt!“, fügte er schnell hinzu, als er Karlas erschrockenes Gesicht sah. Otto hatte den

Kindern gerade die Feuerwehrübung erklärt, da rief Benjamin: „Feuerwehrmänner und Feuerwehrfrauen, aufgepasst! Jetzt gibt es einen elefantös gespielten Probealarm und dann geht's los!“

Benjamin hob seinen Rüssel in die Höhe, und schon war ein kräftiger Törööö-Alarm zu hören. „Törööö! Alarm!!!!“ Jetzt musste natürlich alles ganz schnell gehen! Otto, Dennis und alle anderen Mitspieler liefen, so schnell sie konnten, zu den Feuerwehrhelmen. „Sehr richtig!“, rief Benjamin. „Zuerst die Helme aufsetzen, damit sich beim Einsatz niemand verletzt! Dann erst die Schläuche ausrollen!“ Dennis war der Erste. Er schnappte sich die Spritze an der Spitze eines Schlauches und lief los. Es war gar nicht so einfach, denn der Schlauch musste von der schweren Schlauchrolle heruntergerollt werden. „Bis hier vorne zu der Linie“, rief Benjamin, „die habe ich extra da hingemalt!“ Schon war Dennis an der Linie angekommen. „Ich bin fertig!“, rief er und schaute zu Otto. „Wo bleibt denn das Wasser?“

„Dauert noch!", rief Otto zurück. Er war gerade dabei, das Schlauchende am Hydranten festzuschrauben. „Soll ich dir helfen?", rief Dennis, aber Otto winkte ab: „Ich hab's gleich!"

Wasser marsch!

Auch die anderen Kinder waren nun so weit. Wie richtige Feuerwehrleute standen sie alle an der Linie, die Benjamin aufgezeichnet hatte. „Fertig zum Löschen!", rief Otto, und Dennis antwortete: „Wasser marsch!" Mit beiden Händen drehte Otto das Rad am Hydranten auf, damit das Wasser fließen konnte.

„Kinderchen, ist das aufregend!", rief Karla Kolumna. „Wo brennt es denn nun?"

„Hier! Stellt euch vor, hier brennt es!“, rief Benjamin und zeigte auf die Löcher in der Holzwand. Die jungen Feuerwehrleute gaben sich große Mühe. Aber Dennis' Wasserstrahl ging weit über das Ziel hinaus.

Oberbrandrat Lichterloh lief nun hinüber zu Benjamin und zeigte ebenfalls auf ein Loch in der Wand: „Hier hinein, bitteschön!“, rief er. Aber auch das klappte nicht.

Feuchtes Vergnügen

Kreuz und quer spritzten die Wasserfontänen. Otto lief eilig nach vorne zu Dennis und half ihm die Spritze zu halten: „Wir müssen mit dem Schlauch tiefer!“, rief er, und sie versuchten es nun gemeinsam. Und sie trafen ... Benjamin! Direkt auf die Uniform. „Nein!“, rief Brandrat Lichterloh. „Nicht auf Herrn Blümchen, bitte!“ Er wollte Benjamin zur Seite ziehen, da traf auch ihn ein Wasserstrahl. „Sensationell!“, rief Karla Kolumna. „Das muss ich fotografieren!“ Sie lief zu Benjamin und dem Oberbrandrat und wollte gerade knipsen, da wurde auch sie von einem Wasserstrahl getroffen und rutschte Benjamin direkt vor die

Füße. „Huuuch! So nah ran wollte ich gar nicht!“, rief sie. Otto reagierte als Erster: „Wasser stopp!“, rief er und lief zum Hydranten. Auch die anderen Feuerwehrleute reagierten prompt und drehten die Wasserhähne wieder zu. Es war ein lustiges Bild: Benjamin, Oberbrandrat Lichterloh und Karla Kolumna waren pitschepatschenass. „Du tropfst ja wie ein Wasserhahn!“, rief Otto Benjamin lachend zu, und Karla schoss nun doch noch ihr Bild: „Sensationell, Herr Blümchen!“, rief sie. „Wissen Sie, wie Sie aussehen? Wie ein begossener Feuerwehrmann, a-haha!“ Ja, das stimmte. Alle mussten herzlich lachen. „Gut, dass es heute so heiß ist!“, lachte Benjamin mit. Und damit hatte er wieder einmal Recht.

Hilf Benjamin mit den Schläuchen

Hier sind ja einige Feuerwehrschläuche durcheinander geraten. Benjamin und Otto müssen sie wieder auseinander sortieren. Hilfst du ihnen? Nimm für jeden Schlauch eine andere Farbe und zeichne ihn nach!

Auflösung: A-4; B-1; C-2; D-3 und E-5

Hilfe, es brennt!

Alle Leute schauen, aber hat schon jemand die Feuerwehr gerufen? Tue es lieber selbst!

Womit kannst du es tun?

Auflösung: Handy auf dem Tisch, Feuermelder an der Wand, Telefon im Privathaus, öffentliche Telefonzelle

Die Feuerwehr hat's eilig

Im Frankenweg brennt es. Die Feuerwehrleute müssen den kürzesten Weg zum Brandherd finden. Sie haben verschiedene Möglichkeiten. Hilfst du ihnen?

Auflösung:

ALAAARM!

Plötzlich schrillten die Alarmglocken! Benjamin, Otto, die Kinder, ja alle Besucher des Feuerwehrfestes schauten erschrocken auf. Feueralarm jetzt, während des Feuerwehrfestes? „Das ist bestimmt ein Probealarm!“, rief Dennis übermütig, doch da kam auch schon Oberbrandrat Lichterloh zu Benjamin gelaufen. „Herr Blümchen! Herr Blümchen“, rief er außer Atem, „der Alarm ist echt! Wir müssen sofort ausrücken!“

Die Feuerwehr rückt aus

Jetzt wusste jeder, was er zu tun hatte. Die Feuerwehrleute setzten ihre Helme auf und rannten zu den Feuerwehrautos. „Wissen Sie, was passiert ist?“, fragte Otto Herrn Lichterloh. „Nicht genau“, antwortete der Oberbrandrat, „der Feuermelder in der Kastanienallee wurde gedrückt.“

„In der Kastanienallee?“ Otto war sehr aufgeregt. „Da fahre ich immer mit dem Fahrrad durch, auf dem Weg zum Zoo!“ „Gut!“, sagte Oberbrandrat Lichterloh. „Dann fährst du im ersten Wagen mit und zeigst meinen Leuten den Weg!“ Otto stieg sofort ein. „Benjamin, du fährst im zweiten Wagen mit! Da ist noch Platz!“, sagte Herr Lichterloh, und Benjamin war schon unterwegs. „Momentchen mal! Die Presse muss natürlich auch mit!“ Karla Kolumna kletterte in den Feuerwehrwagen zu Otto, aber Oberbrandrat Lichterloh ermahnte sie mit

erhobenem Zeigefinger: „Aber nur, wenn Sie die Arbeit der Feuerwehr in keinster Weise behindern, Frau Kolumna!“ Das versprach Karla natürlich und dann ging es los.

Bahn frei für die Feuerwehr

Tatütataaa! Mit Blaulicht sausten die beiden Feuerwehrautos durch Neustadt. Alle anderen Autos machten ihnen Platz und Otto sagte, wo's lang geht. „Jetzt rechts in die Lortzingstraße und geradeaus. Wir sind gleich da!“, sagte er, und der Feuerwehrmann am Steuer bog ab. „Hoffentlich ist nichts Schlimmes passiert!“ Schon kam auch das zweite Feuerwehrauto

in der Kastanienallee an und Benjamin sah sich suchend um.

„Nanu? Hier brennt es doch gar nicht!“, murmelte er. Doch da entdeckte er die kleine Charlotte direkt vor dem Feuer-

melder. Benjamin sprang aus dem Auto. „Ja, Charlotte, was machst du denn hier? Hast du den Feuermelder gedrückt?“ Charlotte nickte. Benjamin sah, dass ihr eine Träne über die Wange lief.

Kater in Not

Schnell hob er Charlotte zu sich hinauf. „Stell dir nur vor, Benjamin! Mein Kater Rudi! Ich bin nach Hause gelaufen, um ihn zu füttern. Aber er war nicht da!“ In diesem Moment war ein entferntes, jammerndes Miau zu hören. Charlotte zeigte auf das Dach des Hauses: „Dort oben ist mein Rudi und traut sich nicht mehr herunter!“

Auweia! Jetzt sahen ihn alle: Benjamin, Otto, Karla und die Feuerwehrleute. Ganz oben auf dem Dach saß Kater Rudi und schaute ängstlich herunter. „Kein Problem für die Feuerwehr!“, sagte Benjamin zu Charlotte. „Du musst nicht mehr weinen! Wir holen deinen Rudi da herunter – versprochen! Und noch etwas, Charlotte! Das hast du prima gemacht, dass du am Feuermelder gewartet hast, bis wir gekommen sind, und uns erzählt hast, was los ist. Genau so muss man es machen!“ Bei so viel Lob konnte Charlotte schon wieder ein bisschen lächeln.

Die Rettung

Jetzt fuhr das erste Feuerwehrauto ganz nah an das Haus heran. „So müsste es gehen!“, sagte der Feuerwehrmann, dem Otto den Weg gezeigt hatte. Er stieg nun in den Korb am Ende der Leiter und die Leiter wurde ausgefahren.

Hoch hinauf, bis zum Dach des Hauses. Alle schauten gespannt nach oben. „Kinderchen, ist das aufregend!“, rief Karla Kolumna. „Ob der Herr Feuerwehrmeister wohl an das Kätzchen herankommt?“ Ja, das war die Frage. Die Leiter war nun ganz ausgefahren, aber die ausgestreckte Hand des Feuerwehrmanns reichte einfach nicht hinüber bis zu Kater Rudi. „Miau!“, maunzte der und war viel zu ängstlich, um auf den Arm des Feuerwehrmanns zu springen. „Wir müssen näher ran!“, rief der von oben herunter, aber da war nichts zu machen. Das Feuerwehrauto war bereits bis zur Gartenmauer des Hauses herangefahren.

„Wir könnten es mit unserem Helikopter versuchen“, schlug der Feuerwehrmeister vor, als er wieder unten am Boden war. Aber Benjamin fand, das sei keine gute Idee: „Da kriegt Rudi doch Angst, bei dem lauten Hubschrauber. Nein, nein. Ich glaube, ich weiß da was Besseres!“

Benjamins Idee

Entschlossen stieg Benjamin in den Leiterkorb. Er passte gerade so hinein. „Auffahren bitte!“, rief er, und sofort wurde die Leiter wieder ausgefahren in Richtung Rudi. „Wie will Herr Blümchen das denn schaffen, wenn ich es nicht geschafft habe?“, fragte der Feuerwehrmeister, und Karla lachte ihn an: „Abwarten, Feuerwehrmeisterchen, abwarten! Herrn Blümchen fällt immer etwas ein!“

Und so war es auch. Denn oben angekommen, streckte Benjamin dem Kater Rudi einfach seinen Rüssel entgegen. „Komm, Rudi!“, sagte er

freundlich. „Unten wartet Charlotte auf dich und macht sich große Sorgen!“ „Miau!“, antwortete Rudi und lief Benjamin über den Rüssel, direkt in seine Arme. „Bravo!“, riefen die Leute unten, und als Benjamin wieder auf der Erde stand, klatschten alle Beifall. Ganz glücklich war natürlich Charlotte, als Benjamin ihr den Kater in die Arme gab. Sie strahlte Benjamin an: „Danke, Benjamin!“ „Bitteschön!“, lachte Benjamin. Dann fuhren alle zurück zum Feuerwehrfest.

Wie kam Rudi aufs Dach?

Kater Rudi war neugierig. Dabei ist er ganz nach oben aufs Dach geklettert. Wie hat er das denn geschafft?

Zeichne mögliche Wege ein!

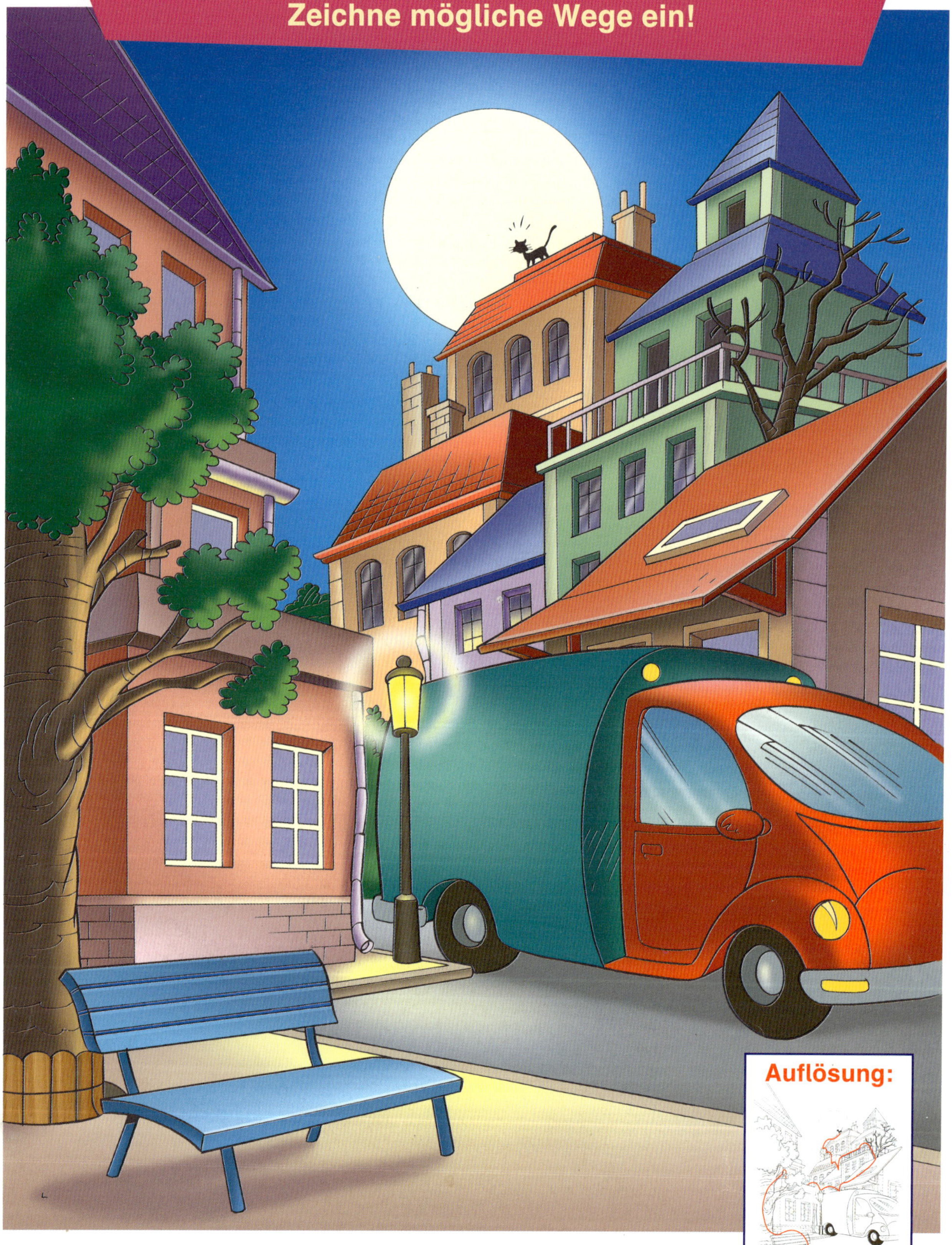

Ein Fall für die Feuerwehr?

Charlotte hat die Feuerwehr gerufen, um ihren Kater Rudi zu retten. In welcher der von Karla fotografierten Situationen kannst du die Feuerwehr noch rufen?

Kreise sie ein und kontrolliere, ob es stimmt!

Auflösung: Du kannst die Feuerwehr in den Situationen B, F und H rufen.

Feuerwerk und Humtata

Auf dem Festplatz wurden die Feuerwehrleute von den Besuchern stürmisch begrüßt und die Erleichterung war groß, dass nichts wirklich Schlimmes passiert war. Vor allem Oberbrandrat Lichterloh strahlte über das ganze Gesicht. „Dann kann unser Fest ja jetzt weitergehen“, sagte er. Darüber freuten sich alle, besonders Benjamin.

„Sagen Sie bitte, Herr Lichterloh, tritt jetzt die Feuerwehrkapelle auf?“

„Als hätten Sie meine Gedanken gelesen!“, lachte Oberbrandrat Lichterloh. „Es ist höchste Zeit für unsere Feuerwehrkapelle und natürlich das Feuerwerk! Viel Vergnügen!“ Die Besucher klatschten begeistert Applaus.

„Otto, ich freu mich so!“, sagte Benjamin. Otto lachte seinen Freund an: „Weiß ich doch, Benjamin! Seit Tagen redest du von nichts anderem als von der Feuerwehrkapelle!“ „Stimmt, Otto! Sie spielen ja auch ...“ Otto unterbrach ihn, denn er wusste genau, was sein Freund sagen wollte: „... die schönste Blasmusik der Welt!“, ergänzte er. Beide lachten und sangen zusammen „Hum-tata-humtata!“, ein Lied, das sie beide erfunden hatten und das nur aus diesen zwei Wörtern bestand.

„Sensationell!“, rief Karla Kolumna „Ihr beide könnt ja als Feuerwehr-Duo Humtata auftreten, a-haha!“ Sie lachten, und das tat ihnen nach dem aufregenden Feuerwehreinsatz sehr gut.

Das Konzert

Dann endlich war es so weit. Die Feuerwehrkapelle hatte sich in Reih und Glied aufgestellt, und weil alle Musikanten auch ihre Feuerwehruniformen trugen, war es ein wirklich festliches Bild. „Zwo, drei!“, rief Oberbrandrat Lichterloh, hob den Taktstock, und schon spielte die Kapelle die „schönste Blasmusik der Welt“. Es dauerte nicht lange, da stiegen in sicherem Abstand hinter der Kapelle die ersten Feuerwerksraketen in den Himmel. „Ein sensationelles Bild!“, schwärmte Karla Kolumna und knipste eilig mit ihrer Kamera einige Bilder. „Ooooohhh!“ und „Aaaahhh!“ rief das Publikum, wenn eine Rakete einen besonders schönen Stern an den Himmel malte.

Doch da geschah es: Eine Feuerwerksrakete stieg hoch in den Himmel hinauf, drehte sich einige Male wild um sich selbst und stürzte dann in Windeseile hinunter auf die Erde. Doch kein Zuschauer hatte dies bemerkt, schließlich gab es genug anderes zu hören und zu sehen. Nur einem war das aufgefallen: Benjamin! Er hatte ganz genau gesehen, wo die Rakete gelandet war. Mitten im Heuhaufen auf dem nahen Feld! „Auweia“, dachte er, „wenn das

mal gut geht!“ Und schon lief er los. „Benjamin, wo gehst du hin? Du wolltest doch der Feuerwehrkapelle zuschauen!“, rief Otto

und beschloss, Benjamin hinterherzulaufen.

Es brennt!

Genau in diesem Augenblick explodierte die Rakete im Heuhaufen, der sofort zu brennen anfing. „Feuer!“, rief ein Besucher, Oberbrandrat Lichterloh warf vor Schreck den Taktstock hoch in die Luft und die Musiker der Kapelle hörten abrupt auf zu spielen. „Feueralarm!“, rief der Oberbrandrat, und alle Feuerwehrleute ließen ihre Instrumente fallen, um loszulaufen. Aber inzwischen hatte Benjamin seinen Rüssel im Wassertankwagen mit Wasser gefüllt und sauste an der staunenden Menschenmenge vorbei, hinüber aufs Feld. Aus sicherem Abstand spritzte Benjamin in hohem Bogen die Wasserladung aus seinem Rüssel über den brennenden Heuhaufen. Schwarzer Rauch stieg bald in den Himmel und das Feuer war gründlichst gelöscht.

Selbst Karla Kolumna fehlten für einige Sekunden die Worte: „Einfach ...“, stammelte sie, „... einfach, ähm, sensationell!“ Und das fanden die anderen auch. Karla klatschte als Erste Beifall, und sofort fielen alle Besucher, Otto, Dennis, die kleine Charlotte, Oberbrandrat Lichterloh und die Feuerwehrleute in den Applaus mit ein. „Bravo, Benjamin! Bravo!“, riefen sie durcheinander, so dass Benjamin sich ein bisschen

genierte. Oberbrandrat Lichterloh umarmte ihn herzlich: „Ach, Herr Blümchen“, sagte er, „wenn wir Sie nicht hätten!“

Benjamins Herzenswunsch

Damit sprach er allen aus dem Herzen. Und als er Benjamin fragte, ob es einen Wunsch gäbe, den er ihm erfüllen könne, brauchte Benjamin nicht lange nachzudenken: „Ja, Herr Oberbrandrat Lichterloh, einen Wunsch habe ich schon“, sagte er. „Schon lange!“, und schaute verlegen. Otto schubste seinen Freund von der Seite an: „Dann raus mit der Sprache, Benjamin!“

„Ich würde gerne bei der Feuerwehrkapelle mitspielen!“, sagte Benjamin. „Ja, aber

gerne!“, rief Oberbrandrat Lichterloh. „Welches Instrument wollen Sie denn spielen?“ Auch da musste Benjamin nicht lange überlegen: „Rüssel natürlich!“

Musik, zwo, drei!

Schon stand Benjamin neben den anderen Feuerwehrleuten in der Feuerwehrkapelle.

Oberbrandrat Lichterloh hob den Taktstock, und alle Musiker begannen zu spielen. Auch Benjamin! Und so kam es, dass das Konzert der Feuerwehrkapelle Neustadt beim diesjährigen Feuerwehrfest mit einem einzigartigen, ja geradezu elefantösen Törööö! beendet wurde, dem ein unglaublicher, nicht enden wollender Applaus folgte. Törööö!!

Das Erinnerungsfoto

Natürlich hat Karla Kolumna auch vom schönen Abschlusskonzert der Feuerwehrkapelle ein Erinnerungsfoto geschossen.

Leider haben sich bei der Filmentwicklung Fehler eingeschlichen. Findest du sie?

Das Erinnerungsfoto

Auflösung:

Eine musikalische Note, Schnecke auf Helm des Trompeters, Vogel, Band an Benjamins Helm, Querstab an der Pauke, Schnecke auf der Straße, Hosenbein des Trompeters, Taktstock von Herrn Lichterloh, ein Teil des roten Feuerwerks, Knopf an Lichterlohs Jacke, Benjamins Schwanz

Wer erkennt die Kopfbedeckung?

Die Feuerwehrkapelle spielt auf.
Aber ach, du meine Güte, was ist denn da passiert?
In der Eile haben die Feuerwehrmänner ja ganz
falsche Helme und Hüte erwischt!

Erkennst du sie?

Auflösung: Zylinder, Bauarbeiterhelm, Zauberhut, Ritterhelm, Motorradhelm und Baskenmütze